미로게임이란?

미로게임의 유래는 고대 그리스 신화에 거슬러 올라갑니다. 미로는 미누타우로스라 불리는 괴물이 숨어있는 다이다로스가 딸을 구하려고 만든 구조물로 유명합니다. 그리스 신화에서 이와 관련된 이야기들은 미로를 탐험하고 도전하는 요소를 가지고 있어, 미로는 고대부터 게임이나 도전의 요소로 사용되어왔습니다. 이후에도 역사적으로 다양한 문화에서 미로 및 미로게임이 등장하여 현재의 다양한 형태로 이어졌습니다.

미로게임은 플레이어가 미로 속에서 목표 지점에 도달하거나 특정 과제를 완수하는 게임입니다. 주로 미로 내의 길을 찾거나 피해야 할 장애물을 피하면서 진행됩니다. 미로게임은 전략, 문제 해결, 공간 인지 능력을 향상시키는 데 도움이 되며, 다양한 플랫폼에서 다양한 형태로 즐길 수 있습니다.

미로게임의 장점

미로게임은 플레이어에게 여러 가지 효과를 제공할 수 있습니다. 미로게임은 주로 다음과 같은 측면에서 긍정적인 영향을 미칩니다.

1. 문제 해결 능력 향상 : 미로를 탐험하면서 플레이어는 다양한 도전에 직면하게 되어 문제를 해결하는 능력이 향상됩니다.

2. 공간 인지 능력 강화 : 미로에서 길을 찾는 과정은 공간 인지 능력을 향상시키고 뇌를 활성화시킵니다.

3. 전략적 사고 촉진 : 특히 복잡한 미로게임에서는 미리 계획을 세우고 전략을 짜야 하므로 전략적 사고 능력을 키울 수 있습니다.

4. 스트레스 해소 : 게임은 일상 생활에서의 스트레스를 해소하고 긴장을 풀어주는 역할을 합니다.

5. 자기 동기 부여 : 미로를 통과하는 성취감은 자기 동기 부여에 긍정적인 영향을 미칩니다.

이러한 이유들로 미로게임은 교육, 훈련, 또는 취미로서 다양한 환경에서 활용됩니다.

MAZE GAME 365
STANDARD

Question 001

Question 002

Question 003

Question 004

Question 005

Question 006

Question 007

Question 008

Question **009**

Question **010**

Question 011

Question 012

Question 013

Question 014

Question 015

Question 016

Question 017

Question 018

Question 019

Question 020

Question 021

Question 022

Question 023

Question 024

Question 025

Question 026

Question 027

Question 028

Question 029

Question 030

Question 031

Question 032

Question 033

Question 034

Question 035

Question 036

Question 037

Question 038

Question 039

Question 040

Question 041

Question 042

Question 043

Question 044

Question 045

Question 046

Question 047

Question 048

Question 049

Question 050

Question 051

Question 052

Question 053

Question 054

Question 055

Question 056

MAZE GAME 365 STANDARD

Question 057

Question 058

Question 059

Question 060

Question 061

Question 062

Question 063

Question 064

Question 065

Question 066

Question 067

Question 068

Question 069

Question 070

Question 071

Question 072

Question 073

Question 074

Question 075

Question 076

Question 077

Question 078

Question 079

Question 080

Question 081

Question 082

Question 083

Question 084

Question 085

Question 086

Question 087

Question 088

Question **089**

Question **090**

Question 091

Question 092

Question 093

Question 094

Question 095

Question 096

Question 097

Question 098

Question 099

Question 100

MAZE GAME 365 STANDARD

Question **101**

Question **102**

Question 103

Question 104

Question **105**

Question **106**

Question **107**

Question **108**

Question **109**

Question **110**

Question **111**

Question **112**

Question 113

Question 114

Question 115

Question 116

Question 117

Question 118

Question 119

Question 120

Question 121

Question 122

Question 123

Question 124

Question **125**

Question **126**

Question 127

Question 128

Question 129

Question 130

Question **131**

Question **132**

Question 133

Question 134

Question **135**

Question **136**

Question 137

Question 138

Question **139**

Question **140**

Question **141**

Question **142**

Question 143

Question 144

Question **145**

Question **146**

Question **147**

Question **148**

Question **149**

Question **150**

Question **151**

Question **152**

Question **153**

Question **154**

Question 155

Question 156

Question 157

Question 158

Question **159**

Question **160**

MAZE GAME 365 STANDARD

89

Question **161**

Question **162**

Question 163

Question 164

Question 165

Question 166

Question 167

Question 168

Question **169**

Question **170**

Question 171

Question 172

Question 173

Question 174

Question **175**

Question **176**

Question 177

Question 178

Question **179**

Question **180**

Question **181**

Question **182**

Question **183**

Question **184**

Question **185**

Question **186**

Question **187**

Question **188**

Question **189**

Question **190**

Question **191**

Question **192**

Question 193

Question 194

Question 195

Question 196

Question **197**

Question **198**

Question **199**

Question **200**

MAZE GAME 365 STANDARD

Question 201

Question 202

Question 203

Question 204

Question 205

Question 206

Question **207**

Question **208**

MAZE GAME 365 STANDARD

Question **209**

Question **210**

Question 211

Question 212

Question 213

Question 214

Question 215

Question 216

Question 217

Question 218

Question **219**

Question **220**

Question 221

Question 222

Question 223

Question 224

Question 225

Question 226

Question 227

Question 228

Question 229

Question 230

Question **231**

Question **232**

Question **233**

Question **234**

Question 235

Question 236

Question 237

Question 238

Question 239

Question 240

Question 241

Question 242

Question 243

Question 244

Question 245

Question 246

Question 247

Question 248

Question **249**

Question **250**

Question 251

Question 252

Question 253

Question 254

Question 255

Question 256

Question 257

Question 258

Question **259**

Question **260**

Question 261

Question 262

Question **263**

Question **264**

Question **265**

Question **266**

Question 267

Question 268

Question **269**

Question **270**

Question 271

Question 272

Question 273

Question 274

Question 275

Question 276

Question 277

Question 278

Question 279

Question 280

Question 281

Question 282

Question **283**

Question **284**

Question 285

Question 286

Question **287**

Question **288**

Question **289**

Question **290**

Question **291**

Question **292**

Question **293**

Question **294**

Question 295

Question 296

Question **297**

Question **298**

158

Question 299

Question 300

Question 301

Question 302

Question 303

Question 304

Question 305

Question 306

Question 307

Question 308

Question 309

Question 310

Question 311

Question 312

Question 313

Question 314

Question 315

Question 316

Question 317

Question 318

Question 319

Question 320

Question 321

Question 322

Question 323

Question 324

Question 325

Question 326

Question 327

Question 328

Question **329**

Question **330**

Question 331

Question 332

Question 333

Question 334

Question **335**

Question **336**

Question **337**

Question **338**

Question 339

Question 340

Question 341

Question 342

Question 343

Question 344

Question 345

Question 346

Question 347

Question 348

Question 349

Question 350

Question 351

Question 352

Question 353

Question 354

Question 355

Question 356

Question 357

Question 358

Question **359**

Question **360**

Question 361

Question 362

190

Question 363

Question 364

Question 365

Answer 001　　　　　Answer 002

Answer 003　　　　　Answer 004

Answer 005　　　　　Answer 006

Answer **007**

Answer **008**

Answer **009**

Answer **010**

Answer **011**

Answer **012**

Answer 013

Answer 014

Answer 015

Answer 016

Answer 017

Answer 018

Answer 019

Answer 020

Answer 021

Answer 022

Answer 023

Answer 024

Answer 025

Answer 026

Answer 027

Answer 028

Answer 029

Answer 030

Answer 031

Answer 032

Answer 033

Answer 034

Answer 035

Answer 036

Answer **037**

Answer **038**

Answer **039**

Answer **040**

Answer **041**

Answer **042**

Answer 043

Answer 044

Answer 045

Answer 046

Answer 047

Answer 048

Answer 049

Answer 050

Answer 051

Answer 052

Answer 053

Answer 054

Answer 055

Answer 056

Answer 057

Answer 058

Answer 059

Answer 060

Answer 061

Answer 062

Answer 063

Answer 064

Answer 065

Answer 066

Answer 067

Answer 068

Answer 069

Answer 070

Answer 071

Answer 072

Answer 073

Answer 074

Answer 075

Answer 076

Answer 077

Answer 078

Answer 079

Answer 080

Answer 081

Answer 082

Answer 083

Answer 084

Answer 085

Answer 086

Answer 087

Answer 088

Answer 089

Answer 090

Answer 091

Answer 092

Answer 093

Answer 094

Answer 095

Answer 096

Answer 097

Answer 098

Answer 099

Answer 100

Answer 101

Answer 102

Answer 103

Answer 104

Answer 105

Answer 106

Answer 107

Answer 108

Answer 109

Answer 110

Answer 111

Answer 112

Answer 113

Answer 114

Answer 115

Answer 116

Answer 117

Answer 118

Answer 119

Answer 120

Answer **121**

Answer **122**

Answer **123**

Answer **124**

Answer **125**

Answer **126**

Answer 127

Answer 128

Answer 129

Answer 130

Answer 131

Answer 132

Answer **133**   Answer **134**

Answer **135**   Answer **136**

Answer **137**   Answer **138**

Answer 139

Answer 140

Answer 141

Answer 142

Answer 143

Answer 144

Answer 145

Answer 146

Answer 147

Answer 148

Answer 149

Answer 150

Answer 151

Answer 152

Answer 153

Answer 154

Answer 155

Answer 156

Answer 157

Answer 158

Answer 159

Answer 160

Answer 161

Answer 162

Answer 163

Answer 164

Answer 165

Answer 166

Answer 167

Answer 168

Answer 169

Answer 170

Answer 171

Answer 172

Answer 173

Answer 174

Answer 175

Answer 176

Answer 177

Answer 178

Answer 179

Answer 180

Answer 181

Answer 182

Answer 183

Answer 184

Answer 185

Answer 186

224

Answer 187

Answer 188

Answer 189

Answer 190

Answer 191

Answer 192

Answer 193

Answer 194

Answer 195

Answer 196

Answer 197

Answer 198

Answer **199**

Answer **200**

Answer **201**

Answer **202**

Answer **203**

Answer **204**

Answer 205
Answer 206

Answer 207
Answer 208

Answer 209
Answer 210

Answer 211

Answer 212

Answer 213

Answer 214

Answer 215

Answer 216

Answer 217

Answer 218

Answer 219

Answer 220

Answer 221

Answer 222

Answer 223

Answer 224

Answer 225

Answer 226

Answer 227

Answer 228

Answer **229**

Answer **230**

Answer **231**

Answer **232**

Answer **233**

Answer **234**

Answer 235

Answer 236

Answer 237

Answer 238

Answer 239

Answer 240

Answer 241

Answer 242

Answer 243

Answer 244

Answer 245

Answer 246

Answer 247

Answer 248

Answer 249

Answer 250

Answer 251

Answer 252

Answer 253

Answer 254

Answer 255

Answer 256

Answer 257

Answer 258

Answer 259

Answer 260

Answer 261

Answer 262

Answer 263

Answer 264

Answer 265

Answer 266

Answer 267

Answer 268

Answer 269

Answer 270

Answer 271

Answer 272

Answer 273

Answer 274

Answer 275

Answer 276

Answer 277

Answer 278

Answer 279

Answer 280

Answer 281

Answer 282

Answer 283

Answer 284

Answer 285

Answer 286

Answer 287

Answer 288

Answer **289**   Answer **290**

Answer **291**   Answer **292**

Answer **293**   Answer **294**

Answer 295

Answer 296

Answer 297

Answer 298

Answer 299

Answer 300

Answer 301

Answer 302

Answer 303

Answer 304

Answer 305

Answer 306

Answer **307**

Answer **308**

Answer **309**

Answer **310**

Answer **311**

Answer **312**

Answer **313**

Answer **314**

Answer **315**

Answer **316**

Answer **317**

Answer **318**

Answer **319**

Answer **320**

Answer **321**

Answer **322**

Answer **323**

Answer **324**

Answer **325**

Answer **326**

Answer **327**

Answer **328**

Answer **329**

Answer **330**

Answer 331

Answer 332

Answer 333

Answer 334

Answer 335

Answer 336

Answer **337**

Answer **338**

Answer **339**

Answer **340**

Answer **341**

Answer **342**

Answer 343

Answer 344

Answer 345

Answer 346

Answer 347

Answer 348

Answer 349

Answer 350

Answer 351

Answer 352

Answer 353

Answer 354

Answer **355**

Answer **356**

Answer **357**

Answer **358**

Answer **359**

Answer **360**

Question **361**

Question **362**

Question **363**

Question **364**

Question **365**

길찾기 미로게임 365
STANDARD

1쇄 발행	2023년 12월 01일
지은이	Maze Creative Academy
펴낸이	김왕기
편집부	원선화, 김한솔
디자인	푸른영토 디자인실
펴낸곳	**푸른e미디어**
주소	경기도 고양시 일산동구 장항동 865 코오롱레이크폴리스1차 A동 908호
전화	(대표)031-925-2327, 070-7477-0386~9 · 팩스	031-925-2328
등록번호	제2005-24호.(2005년 4월 15일)
홈페이지	www.blueterritory.com
전자우편	designkwk@me.com

ISBN 979-11-88287-44-4   14410
ⓒMaze Creative Academy, 2023

푸른e미디어는 (주)푸른영토의 임프린트입니다.

* 이 책은 저작권법에 따라 보호받는 저작물이므로 무단 전재와 복제를 금지합니다.
* 파본이나 잘못된 책은 구입하신 곳에서 바꾸어 드립니다.